INVENTION NOUVELLE

PROPRE A FACILITER

LES QUATRE PREMIÈRES OPÉRATIONS ARITHMÉTIQUES,

AVEC 48 TABLEAUX ET LEURS EXPLICATIONS;

SUIVIE

DU DIALOGUE RÉCRÉATIF

ENTRE

DEUX JEUNES DEMOISELLES SUR LA DIFFICULTÉ DU CALCUL.

PAR JOSEPH GARACH,

Instituteur du 2e. degré, à Pézenas (*Hérault*).

PÉZENAS,

CHEZ ROBERT, LIBRAIRE-ÉDITEUR.

1831.

ADDITION MENTALE.

TABLEAU N.° I.

Additionnez, en ajoutant 1 *à chaque nombre.*

1.
2.
3.
4.
5.
6.
7.
8.
9.
10.
11.
12.
13.
14.
15.
16.
17.
18.
19.
20.
21.
22.
23.
24.
25.

LE

NOUVEAU MAITRE DE CALCUL.

PÉZENAS, IMPRIMERIE DE P.-J. DAUMAS.

LE
NOUVEAU MAITRE
DE CALCUL.

TABLEAUX

RELATIFS AUX QUATRE OPÉRATIONS DE L'ARITHMÉTIQUE,

avec leurs Explications;

PAR JOSEPH GARACH,

Instituteur du 2e. degré, à Pézenas (*Hérault*).

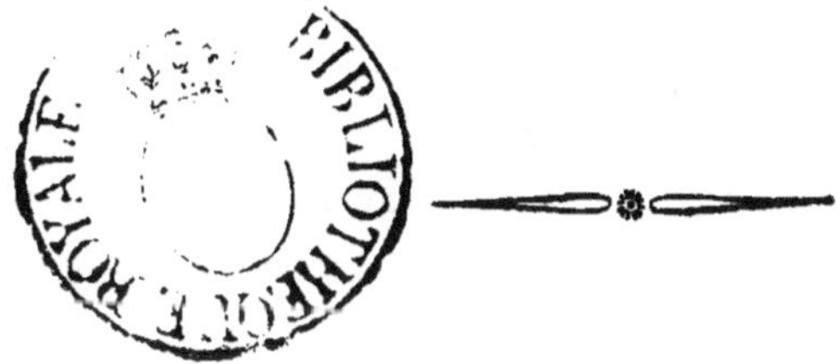

PÉZENAS,

CHEZ ROBERT, LIBRAIRE-ÉDITEUR.

1831.

AVIS
DU LIBRAIRE-ÉDITEUR.

L'Auteur ayant rempli les formalités voulues par la Loi, déclare que tout exemplaire du présent Traité qui ne serait point revêtu de sa signature, sera réputé contrefait.

CET OUVRAGE SE TROUVE :

A PÉZENAS, { CHEZ GABRIEL BONNET, IMPRIMEUR-LIBRAIRE ;
CHEZ L'AUTEUR, RUE DE LA FOIRE ;

A MONTPELLIER, CHEZ SEVALLE,
A BÉZIERS, CHEZ CAMBON, } LIBRAIRES.

A PARIS, CHEZ LES LIBRAIRES DU PALAIS-ROYAL,

ET CHEZ TOUS LES LIBRAIRES DES DÉPARTEMENS.

PRÉFACE.

De toutes les Sciences qu'on enseigne dans les petites écoles, on peut avancer que l'étude de l'Arithmétique est celle qui présente le plus de difficultés aux jeunes élèves. La raison qu'on peut en donner, est que leur jugement encore trop faible, ne peut saisir facilement les vérités abstraites qu'on s'efforce de leur démontrer par de savantes théories; de là cette aversion prononcée pour le calcul, qui, en provoquant leur inattention, ralentit peu-à-peu leurs progrès, et les décourage totalement. Ce dégoût est tel chez quelques élèves, que leur parler d'Arithmétique, c'est leur proposer de prendre médecine; et, s'il en est quelques-uns qui conservent du goût pour ce genre d'étude, ils en sont bientôt rebutés par les difficultés nombreuses qu'ils rencontrent.

Quoique cette antipathie pour le calcul soit commune aux élèves des deux sexes, elle est encore bien plus prononcée chez les jeunes demoiselles, qui, pour la plupart, d'une humeur légère, ont un goût décidé pour les sciences de pur agrément, qui récréent leur imagination vive et enjouée; et voilà pourquoi ces dernières prennent avec tant d'affection et d'assiduité leurs leçons de *Musique*, de *Dessin* et de *Broderie*, tandis qu'elles négligent celles qui ont pour but les travaux monotones de l'Arithmétique; car le propre des élèves de l'un et de l'autre sexe, est en général, de préférer l'agréable à l'utile.

C'est dans la vue de vaincre cette répugnance si naturelle au jeune âge, que nous publions aujourd'hui les tableaux suivans dont la facilité et la simplicité sont des mieux constatées; aussi nous osons espérer qu'en amusant les élèves, ils pourront contribuer à leurs progrès; et qu'ils épargneront à cette jeunesse aimable une partie de ces larmes amères, dont la principale source est la difficulté sans cesse renaissante des premiers élémens du Calcul.

ADDITION MENTALE,

TABLEAU N.° I.

Additionnez, en ajoutant 1 à chaque nombre.

1.
2.
3.
4.
5.
6.
7.
8.
9.
10.
11.
12.
13.
14.
15.
16.
17.
18.
19.
20.
21.
22.
23.
24.
25.

ADDITION MENTALE.

TABLEAU N.° II.

Add., en ajoutant 2 au 1.er nombre de chaque col.

1.	2.
3.	4.
5.	6.
7.	8.
9.	10.
11.	12.
13.	14.
15.	16.
17.	18.
19.	20.
21.	22.
23.	24.
25.	26.
27.	28.
29.	30.
31.	32.
33.	34.
35.	36.
37.	38.
39.	40.
41.	42.
43.	44.
45.	46.
47.	48.
49.	50.

ADDITION MENTALE.

TABLEAU N.° III.

Add., en ajoutant 3 au 1.er nombre de chaque col.

1.	2.	3.
4.	5.	6.
7.	8.	9.
10.	11.	12.
13.	14.	15.
16.	17.	18.
19.	20.	21.
22.	23.	24.
25.	26.	27.
28.	29.	30.
31.	32.	33.
34.	35.	36.
37.	38.	39.
40.	41.	42.
43.	44.	45.
46.	47.	48.
49.	50.	51.
52.	53.	54.
55.	56.	57.
58.	59.	60.
61.	62.	63.
64.	65.	66.
67.	68.	69.
70.	71.	72.
73.	74.	75.

ADDITION MENTALE.

TABLEAU N.° IV.

Additionnez, en ajoutant 4 au 1er. nombre de chaque colonne.

1.	2.	3.	4.
5.	6.	7.	8.
9.	10.	11.	12.
13.	14.	15.	16.
17.	18.	19.	20.
21.	22.	23.	24.
25.	26.	27.	28.
29.	30.	31.	32.
33.	34.	35.	36.
37.	38.	39.	40.
41.	42,	43.	44.
45.	46.	47.	48.
49.	50.	51.	52.
53.	54.	55.	56.
57.	58.	59.	60.
61.	62.	63.	64.
65.	66.	67.	68.
69.	70.	71.	72.
73.	74.	75.	76.
77.	78.	79.	80.
81.	82.	83.	84.
85.	86.	87.	88.
89.	90.	91.	92.
93.	94.	95.	96.
97.	98.	99.	100.

ADDITION MENTALE.

TABLEAU N.o V.

Additionnez, en ajoutant 5 au 1er. nombre de chaque colonne.

1.	2.	3.	4.	5.
6.	7.	8.	9.	10.
11.	12.	13.	14.	15.
16.	17.	18.	19.	20.
21.	22.	23.	24.	25.
26.	27.	28.	29.	30.
31.	32.	33.	34.	35.
36.	37.	38.	39.	40.
41.	42.	43.	44.	45.
46.	47.	48.	49.	50.
51.	52.	53.	54.	55.
56.	57.	58.	59.	60.
61.	62.	63.	64.	65.
66.	67.	68.	69.	70.
71.	72.	73.	74.	75.
76.	77.	78.	79.	80.
81.	82.	83.	84.	85.
86.	87.	88.	89.	90.
91.	92.	93.	94.	95.
96.	97.	98.	99.	100.
101.	102.	103.	104.	105.
106.	107.	108.	109.	110.
111.	112.	113.	114.	115.
116.	117.	118.	119.	120.
121.	122.	123.	124.	125.

ADDITION MENTALE.

TABLEAU N.° VI.

Additionnez, en ajoutant 6 au 1er. nombre de chaque colonne.

1.	2.	3.	4.	5.	6.
7.	8.	9.	10.	11.	12.
13.	14.	15.	16.	17.	18.
19.	20.	21.	22.	23.	24.
25.	26.	27.	28.	29.	30.
31.	32.	33.	34.	35.	36.
37.	38.	39.	40.	41.	42.
43.	44.	45.	46.	47.	48.
49.	50.	51.	52.	53.	54.
55.	56.	57.	58.	59.	60.
61.	62.	63.	64.	65.	66.
67.	68.	69.	70.	71.	72.
73.	74.	75.	76.	77.	78.
79.	80.	81.	82.	83.	84.
85.	86.	87.	88.	89.	90.
91.	92.	93.	94.	95.	96.
97.	98.	99.	100.	101.	102.
103.	104.	105.	106.	107.	108.
109.	110.	111.	112.	113.	114.
115.	116.	117.	118.	119.	120.
121.	122.	123.	124.	125.	126.
127.	128.	129.	130.	131.	132.
133.	134.	135.	136.	137.	138.
139.	140.	141.	142.	143.	144.
145.	146.	147.	148.	149.	150.

ADDITION MENTALE.

TABLEAU N.° VII.

Additionnez, en ajoutant 7 au 1er. nombre de chaque colonne.

1.	2.	3.	4.	5.	6.	7.
8.	9.	10.	11.	12.	13.	14.
15.	16.	17.	18.	19.	20.	21.
22.	23.	24.	25.	26.	27.	28.
29.	30.	31.	32.	33.	34.	35.
36.	37.	38.	39.	40.	41.	42.
43.	44.	45.	46.	47.	48.	49.
50.	51.	52.	53.	54.	55.	56.
57.	58.	59.	60.	61.	62.	63.
64.	65.	66.	67.	68.	69.	70.
71.	72.	73.	74.	75.	76.	77.
78.	79.	80.	81.	82.	83.	84.
85.	86.	87.	88.	89.	90.	91
92.	93.	94.	95.	96.	97.	98.
99.	100.	101.	102.	103.	104.	105.
106.	107.	108.	109.	110.	111.	112.
113.	114.	115.	116.	117.	118.	119.
120.	121.	122.	123.	124.	125.	126.
127.	128.	129.	130.	131.	132.	133.
134.	135.	136.	137.	138.	139.	140.
141.	142.	143.	144.	145.	146.	147.
148.	149.	150.	151.	152.	153.	154.
155.	156.	157.	158.	159.	160.	161.
162.	163.	164.	165.	166.	167.	168.
169.	170.	171.	172.	173.	174.	175.

ADDITION MENTALE.

TABLEAU N.° VIII.

Additionnez, en ajoutant 8 au 1er. nombre de chaque colonne.

1.	2.	3.	4.	5.	6.	7.	8.
9.	10.	11.	12.	13.	14.	15.	16.
17.	18.	19.	20.	21.	22.	23.	24.
25.	26.	27.	28.	29.	30.	31.	32.
33.	34.	35.	36.	37.	38.	39.	40.
41.	42.	43.	44.	45.	46.	47.	48.
49.	50.	51.	52.	53.	54.	55.	56.
57.	58.	59.	60.	61.	62.	63.	64.
65.	66.	67.	68.	69.	70.	71.	72.
73.	74.	75.	76.	77.	78.	79.	80.
81.	82.	83.	84.	85.	86.	87.	88.
89.	90.	91.	92.	93.	94.	95.	96.
97.	98.	99.	100.	101.	102.	103.	104.
105.	106.	107.	108.	109.	110.	111.	112.
113.	114.	115.	116.	117.	118.	119.	120.
121.	122.	123.	124.	125.	126.	127.	128.
129.	130.	131.	132.	133.	134.	135.	136.
137.	138.	139.	140.	141.	142.	143.	144.
145.	146.	147.	148.	149.	150.	151.	152.
153.	154.	155.	156.	157.	158.	159.	160.
161.	162.	163.	164.	165.	166.	167.	168.
169.	170.	171.	172.	173.	174.	175.	176.
177.	178.	179.	180.	181.	182.	183.	184.
185.	186.	187.	188.	189.	190.	191.	192.
193.	194.	195.	196.	197.	198.	199.	200.

ADDITION MENTALE.

TABLEAU N.° IX.

Additionnez, en ajoutant 9 au 1er. nombre de chaque colonne.

1.	2.	3.	4.	5.	6.	7.	8.	9.
10.	11.	12.	13.	14.	15.	16.	17.	18.
19.	20.	21.	22.	23.	24.	25.	26.	27.
28.	29.	30.	31.	32.	33.	34.	35.	36.
37.	38.	39.	40.	41.	42.	43.	44.	45.
46.	47.	48.	49.	50.	51.	52.	53.	54.
55.	56.	57.	58.	59.	60.	61.	62.	63.
64.	65.	66.	67.	68.	69.	70.	71.	72.
73.	74.	75.	76.	77.	78.	79.	80.	81.
82.	83.	84.	85.	86.	87.	88.	89.	90.
91.	92.	93.	94.	95.	96.	97.	98.	99.
100.	101.	102.	103.	104.	105.	106.	107.	108.
109.	110.	111.	112.	113.	114.	115.	116.	117.
118.	119.	120.	121.	122.	123.	124.	125.	126.
127.	128.	129.	130.	131.	132.	133.	134.	135.
136.	137.	138.	139.	140.	141.	142.	143.	144.
145.	146.	147.	148.	149.	150.	151.	152.	153.
154.	155.	156.	157.	158.	159.	160.	161.	162.
163.	164.	165.	166.	167.	168.	169.	170.	171.
172.	173.	174.	175.	176.	177.	178.	179.	180.
181.	182.	183.	184.	185.	186.	187.	188.	189.
190.	191.	192.	193.	194.	195.	196.	197.	198.
199.	200.	201.	202.	203.	204.	205.	206.	207.
208.	209.	210.	211.	212.	213.	214.	215.	216.
217.	218.	219.	220.	221.	222.	223.	224.	225.

ADDITION MENTALE.

TABLEAU N.° X.

Additionnez, en ajoutant 10 au 1er. nombre de chaque colonne.

1.	2.	3.	4.	5.	6.	7.	8.	9.	10.
11.	12.	13.	14.	15.	16.	17.	18.	19.	20.
21.	22.	23.	24.	25.	26.	27.	28.	29.	30.
31.	32.	33.	34.	35.	36.	37.	38.	39.	40.
41.	42.	43.	44.	45.	46.	47.	48.	49.	50.
51.	52.	53.	54.	55.	56.	57.	58.	59.	60.
61.	62.	63.	64.	65.	66.	67.	68.	69.	70.
71.	72.	73.	74.	75.	76.	77.	78.	79.	80.
81.	82.	83.	84.	85.	86.	87.	88.	89.	90.
91.	92.	93.	94.	95.	96.	97.	98.	99.	100.
101.	102.	103.	104.	105.	106.	107.	108.	109.	110.
111.	112.	113.	114.	115.	116.	117.	118.	119.	120.
121.	122.	123.	124.	125.	126.	127.	128.	129.	130.
131.	132.	133.	134.	135.	136.	137.	138.	139.	140.
141.	142.	143.	144.	145.	146.	147.	148.	149.	150.
151.	152.	153.	154.	155.	156.	157.	158.	159.	160.
161.	162.	163.	164.	165.	166.	167.	168.	169.	170.
171.	172.	173.	174.	175.	176.	177.	178.	179.	180.
181.	182.	183.	184.	185.	186.	187.	188.	189.	190.
191.	192.	193.	194.	195.	196.	197.	198.	199.	200.
201.	202.	203.	204.	205.	206.	207.	208.	209.	210.
211.	212.	213.	214.	215.	216.	217.	218.	219.	220.
221.	222.	222.	224.	225.	226.	227.	228.	229.	230.
231.	232.	233.	234.	235.	236.	237.	238.	239.	240.
241.	242.	243.	244.	245.	246.	247.	248.	249.	250.

ADDITION MENTALE.

TABLEAU N.° XI.

Additionnez, en ajoutant 11 *au* 1*er*. *nombre de chaque colonne.*

1.	2.	3.	4.	5.	6.	7.	8.	9.	10.	11.
12.	13.	14.	15.	16.	17.	18.	19.	20.	21.	22.
23.	24.	25.	26.	27.	28.	29.	30.	31.	32.	33.
34.	35.	36.	37.	38.	39.	40.	41.	42.	43.	44.
45.	46.	47.	48.	49.	50.	51.	52.	53.	54.	55.
56.	57.	58.	59.	60.	61.	62.	63.	64.	65.	66.
67.	68.	69.	70.	71.	72.	73.	74.	75.	76.	77.
78.	79.	80.	81.	82.	83.	84.	85.	86.	87.	88.
89.	90.	91.	92.	93.	94.	95.	96.	97.	98.	99.
100.	101.	102.	103.	104.	105.	106.	107.	108.	109.	110.
111.	112.	113.	114.	115.	116.	117.	118.	119.	120.	121.
122.	123.	124.	125.	126.	127.	128.	129.	130.	131.	132.
133.	134.	135.	136.	137.	138.	139.	140.	141.	142.	143.
144.	145.	146.	147.	148.	149.	150.	151.	152.	153.	154.
155.	156.	157.	158.	159.	160.	161.	162.	163.	164.	165.
166.	167.	168.	169.	170.	171.	172.	173.	174.	175.	176.
177.	178.	179.	180.	181.	182.	183.	184.	185.	186.	187.
188.	189.	190.	191.	192.	193.	194.	195.	196.	197.	198.
199.	200.	201.	202.	203.	204.	205.	206.	207.	208.	209.
210.	211.	212.	213.	214.	215.	216.	217.	218.	219.	220.
221.	222.	223.	224.	225.	226.	227.	228.	229.	230.	231.
232.	233.	234.	235.	236.	237.	238.	239.	240.	241.	242.
243.	244.	245.	246.	247.	248.	249.	250.	251.	252.	253.
254.	255.	256.	257.	258.	259.	260.	261.	262.	263.	264.
265.	266.	267.	268.	269.	270.	271.	272.	273.	274.	275.

ADDITION MENTALE.

TABLEAU N.° XII.

Additionnez, en ajoutant 12 au 1er. nombre de chaque colonne.

1.	2.	3.	4.	5.	6.	7.	8.	9.	10.	11.	12.
13.	14.	15.	16.	17.	18.	19.	20.	21.	22.	23.	24.
25.	26.	27.	28.	29.	30.	31.	32.	33.	34.	35.	36.
37.	38.	39.	40.	41.	42.	43.	44.	45.	46.	47.	48.
49.	50.	51.	52.	53.	54.	55.	56.	57.	58.	59.	60.
61.	62.	63.	64.	65.	66.	67.	68.	69.	70.	71.	72.
73.	74.	75.	76.	77.	78.	79.	80.	81.	82.	83.	84.
85.	86.	87.	88.	89.	90.	91.	92.	93.	94.	95.	96.
97.	98.	99.	100.	101.	102.	103.	104.	105.	106.	107.	108.
109.	110.	111.	112.	113.	114.	115.	116.	117.	118.	119.	120.
121.	122.	123.	124.	125.	126.	127.	128.	129.	130.	131.	132.
133.	134.	135.	136.	137.	138.	139.	140.	141.	142.	143.	144.
145.	146.	147.	148.	149.	150.	151.	152.	153.	154.	155.	156.
157.	158.	159.	160.	161.	162.	163.	164.	165.	166.	167.	168.
169.	170.	171.	172.	173.	174.	175.	176.	177.	178.	179.	180.
181.	182.	183.	184.	185.	186.	187.	188.	189.	190.	191.	192.
193.	194.	195.	196.	197.	198.	199.	200.	201.	202.	203.	204.
205.	206.	207.	208.	209.	210.	211.	212.	213.	214.	215.	216.
217.	218.	219.	220.	221.	222.	223.	224.	225.	226.	227.	228.
229.	230.	231.	232.	233.	234.	235.	236.	237.	238.	239.	240.
241.	242.	243.	244.	245.	246.	247.	248.	249.	250.	251.	252.
253.	254.	255.	256.	257.	258.	259.	260.	261.	262.	263.	264.
265.	266.	267.	268.	269.	270.	271.	272.	273.	274.	275.	276.
277.	278.	279.	280.	281.	282.	283.	284.	285.	286.	287.	288.
289.	290.	291.	292.	293.	294.	295.	296.	297.	298.	299.	300.

SOUSTRACTION MENTALE

TABLEAU N.° I.

Retranchez, en ôtant 1 au 1er. nombre de chaque colonne.

25.
24.
23.
22.
21.
20.
19.
18.
17.
16.
15.
14.
13.
12.
11.
10.
9.
8.
7.
6.
5.
4.
3.
2.
1.

SOUSTRACTION MENTALE

TABLEAU N.° II.

Retranchez, en ôtant 2 au 1er. nombre de chaque colonne.

50.	49.
48.	47.
46.	45.
44.	43.
42.	41.
40.	39.
38.	37.
36.	35.
34.	33.
32.	31.
30.	29.
28.	27.
26.	25.
24.	23.
22.	21.
20.	19.
18.	17.
16.	15.
14.	13.
12.	11.
10.	9.
8.	7.
6.	5.
4.	3.
2.	1.

SOUSTRACTION MENTALE

TABLEAU N.° III.

Retranchez, en ôtant 3 au 1er. nombre de chaque colonne.

75.	74.	73.
72.	71.	70.
69.	68.	67.
66.	65.	64.
63.	62.	61.
60.	59.	58.
57.	56.	55.
54.	53.	52.
51.	50.	49.
48.	47.	46.
45.	44.	43.
42.	41.	40.
39.	38.	37.
36.	35.	34.
33.	32.	31.
30.	29.	28.
27.	26.	25.
24.	23.	22.
21.	20.	19.
18.	17.	16.
15.	14.	13.
12.	11.	10.
9.	8.	7.
6.	5.	4.
3.	2.	1.

SOUSTRACTION MENTALE

TABLEAU N.° IV.

Retranchez, en ôtant 4 au 1er. nombre de chaque colonne.

100.	99.	98.	97.
96.	95.	94.	93.
92.	91.	90.	89.
88.	87.	86.	85.
84.	83.	82.	81.
80.	79.	78.	77.
76.	75.	74.	73.
72.	71.	70.	69.
68.	67.	66.	65.
64.	63.	62.	61.
60.	59.	58.	57.
56.	55.	54.	53.
52.	51.	50.	49.
48.	47.	46.	45.
44.	43.	42.	41.
40.	39.	38.	37.
36.	35.	34.	33.
32.	31.	30.	29.
28.	27.	26.	25.
24.	23.	22.	21
20.	19.	18.	17.
16.	15.	14.	13.
12.	11.	10.	9.
8.	7.	6.	5.
4.	3.	2.	1.

SOUSTRACTION MENTALE

TABLEAU N.° V.

Retranchez, en ôtant 5 au 1er. nombre de chaque colonne.

125.	124.	123.	122.	121.
120.	119.	118.	117.	116.
115.	114.	113.	112.	111.
110.	109.	108.	107.	106.
105.	104.	103.	102.	101.
100.	99.	98.	97.	96.
95.	94.	93.	92.	91.
90.	89.	88.	87.	86.
85.	84.	83.	82.	81.
80.	79.	78.	77.	76.
75.	74.	73.	72.	71.
70.	69.	68.	67.	66.
65.	64.	63.	62.	61.
60.	59.	58.	57.	56.
55.	54.	53.	52.	51.
50.	49.	48.	47.	46.
45.	44.	43.	42.	41.
40.	39.	38.	37.	36.
35.	34.	33.	32.	31.
30.	29.	28.	27.	26.
25.	24.	23.	22.	21.
20.	19.	18.	17.	16.
15.	14.	13.	12.	11.
10.	9.	8.	7.	6.
5.	4.	3.	2.	1.

SOUSTRACTION MENTALE

TABLEAU N.° VI.

Retranchez, en ôtant 6 au 1er. nombre de chaque colonne.

150.	149.	148.	147.	146.	145.
144.	143.	142.	141.	140.	139.
138.	137.	136.	135.	134.	133.
132.	131.	130.	129.	128.	127.
126.	125.	124.	123.	122.	121.
120.	119.	118.	117.	116.	115.
114.	113.	112.	111.	110.	109.
108.	107.	106.	105.	104.	103.
102.	101.	100.	99.	98.	97.
96.	95.	94.	93.	92.	91.
90.	89.	88.	87.	86.	85.
84.	83.	82.	81.	80.	79.
78.	77.	76.	75.	74.	73.
72.	71.	70.	69.	68.	67.
66.	65.	64.	63.	62.	61.
60.	59.	58.	57.	56.	55.
54.	53.	52.	51.	50.	49.
48.	47.	46.	45.	44.	43.
42.	41.	40.	39.	38.	37.
36.	35.	34.	33.	32.	31.
30.	29.	28.	27.	26.	25.
24.	23.	22.	21.	20.	19.
18.	17.	16.	15.	14.	13.
12.	11.	10.	9.	8.	7.
6.	5.	4.	3.	2.	1.

SOUSTRACTION MENTALE

TABLEAU N.° VII.

Retranchez, en ôtant 7 au 1er. nombre de chaque colonne.

175.	174.	173.	172.	171.	170.	169.
168.	167.	166.	165.	164.	163.	162.
161.	160.	159.	158.	157.	156.	155.
154.	153	152.	151.	150.	149.	148.
147.	146.	145.	144.	143.	142.	141.
140.	139.	138.	137.	136.	135.	134.
133.	132.	131.	130.	129.	128.	127.
126.	125.	124.	123.	122.	121.	120.
119.	118.	117.	116.	115.	114.	113.
112.	111.	110.	109.	108.	107.	106.
105.	104.	103.	102.	101.	100.	99.
98.	97.	96.	95.	94.	93.	92.
91.	90.	89.	88.	87.	86.	85.
84.	83.	82.	81.	80.	79.	78.
77.	76.	75.	74.	73.	72.	71.
70.	69.	68.	67.	66.	65.	64.
63.	62.	61.	60.	59.	58.	57.
56.	55.	54.	53.	52.	51.	50.
49.	48.	47.	46.	45.	44.	43.
42.	41.	40.	39.	38.	37.	36.
35.	34.	33.	32.	31.	30.	29.
28.	27.	26.	25.	24.	23.	22.
21.	20.	19.	18.	17.	16.	15.
14.	13.	12.	11.	10.	9.	8.
7.	6.	5.	4.	3.	2.	1.

SOUSTRACTION MENTALE

TABLEAU N.° VIII.

Retranchez, en ôtant 8 au 1er. nombre de chaque colonne.

200.	199.	198.	197.	196.	195.	194.	193.
192.	191.	190.	189.	188.	187.	186.	185.
184.	183.	182.	181.	180.	179.	178.	177.
176.	175.	174.	173.	172.	171.	170.	169.
168.	167.	166.	165.	164.	163.	162.	161.
160.	159.	158.	157.	156.	155.	154.	153.
152.	151.	150.	149.	148.	147.	146.	145.
144.	143.	142.	141.	140.	139.	138.	137.
136.	135.	134.	133.	132.	131.	130.	129.
128.	127.	126.	125.	124.	123.	122.	121.
120.	119.	118.	117.	116.	115.	114.	113.
112.	111.	110.	109.	108.	107.	106.	105.
104.	103.	102.	101.	100.	99.	98.	97.
96.	95.	94.	93.	92.	91.	90.	89.
88.	87.	86.	85.	84.	83.	82.	81.
80.	79.	78.	77.	76.	75.	74.	73.
72.	71.	70.	69.	68.	67.	66.	65.
64.	63.	62.	61.	60.	59.	58.	57.
56.	55.	54.	53.	52.	51.	50.	49.
48.	47.	46.	45.	44.	43.	42.	41.
40.	39.	38.	37.	36.	35.	34.	33.
32.	31.	30.	29.	28.	27.	26.	25.
24.	23.	22.	21.	20.	19.	18.	17.
16.	15.	14.	13.	12.	11.	10.	9.
8.	7.	6.	5.	4.	3.	2.	1.

SOUSTRACTION MENTALE

TABLEAU N.° IX.

Retranchez, en ôtant 9 au 1er. nombre de chaque colonne.

225.	224.	223.	222.	221.	220.	219.	218.	217.
216.	215.	214.	213.	212.	211.	210.	209.	208.
207.	206.	205.	204.	203.	202.	201.	200.	199.
198.	197.	196.	195.	194.	193.	192.	191.	190.
189.	188.	187.	186.	185.	184.	183.	182.	181.
180.	179.	178.	177.	176.	175.	174.	173.	172.
171.	170.	169.	168.	167.	166.	165.	164.	163.
162.	161.	160.	159.	158.	157.	156.	155.	154.
153.	152.	151.	150.	149.	148.	147.	146.	145.
144.	143.	142.	141.	140.	139.	138.	137.	136.
135.	134.	133.	132.	131.	130.	129.	128.	127.
126.	125.	124.	123.	122.	121.	120.	119.	118.
117.	116.	115.	114.	113.	112.	111.	110.	109.
108.	107.	106.	105.	104.	103.	102.	101.	100.
99.	98.	97.	96.	95.	94.	93.	92.	91.
90.	89.	88.	87.	86.	85.	84.	83.	82.
81.	80.	79.	78.	77.	76.	75.	74.	73.
72.	71.	70.	69.	68.	67.	66.	65.	64.
63.	62.	61.	60.	59.	58.	57.	56.	55.
54.	53.	52.	51.	50.	49.	48.	47.	46.
45.	44.	43.	42.	41.	40.	39.	38.	37.
36.	35.	34.	33.	32.	31.	30.	29.	28.
27.	26.	25.	24.	23.	22.	21.	20.	19.
18.	17.	16.	15.	14.	13.	12.	11.	10.
9.	8.	7.	6.	5.	4.	3.	2.	1.

SOUSTRACTION MENTALE

TABLEAU N.° X.

Retranchez, en ôtant 10 au 1er. nombre de chaque colonne.

250.	249.	248.	247.	246.	245.	244.	243.	242.	241.
240.	239.	238.	237.	236.	235.	234.	233.	232.	231.
230.	229.	228.	227.	226.	225.	224.	223.	222.	221.
220.	219.	218.	217.	216.	215.	214.	213.	212.	211.
210.	209.	208.	207.	206.	205.	204.	203.	202.	201.
200.	199.	198.	197.	196.	195.	194.	193.	192.	191.
190.	189.	188.	187.	186.	185.	184.	183.	182.	181.
180.	179.	178.	177.	176.	175.	174.	173.	172.	171.
170.	169.	168.	167.	166.	165.	164.	163.	162.	161.
160.	159.	158.	157.	156.	155.	154.	153.	152.	151.
150.	149.	148.	147.	146.	145.	144.	143.	142.	141.
140.	139.	138.	137.	136.	135.	134.	133.	132.	131.
130.	129.	128.	127.	126.	125.	124.	123.	122.	121.
120.	119.	118.	117.	116.	115.	114.	113.	112.	111.
110.	109.	108.	107.	106.	105.	104.	103.	102.	101.
100.	99.	98.	97.	96.	95.	94.	93.	92.	91.
90.	89.	88.	87.	86.	85.	84.	83.	82.	81.
80.	79.	78.	77.	76.	75.	74.	73.	72.	71.
70.	69.	68.	67.	66.	65.	64.	63.	62.	61.
60.	59.	58.	57.	56.	55.	54.	53.	52.	51.
50.	49.	48.	47.	46.	45.	44.	43.	42.	41.
40.	39.	38.	37.	36.	35.	34.	33.	32.	31.
30.	29.	28.	27.	26.	25.	24.	23.	22.	21.
20.	19.	18.	17.	16.	15.	14.	13.	12.	11.
10.	9.	8.	7.	6.	5.	4.	3.	2.	1.

SOUSTRACTION MENTALE

TABLEAU N.° XI.

Retranchez, en ôtant 11 au 1er. nombre de chaque colonne.

275.	274.	273.	272.	271.	270.	269.	268.	267.	266.	265.
264.	263.	262.	261.	260.	259.	258.	257.	256.	255.	254.
253.	252.	251.	250.	249.	248.	247.	246,	245.	244.	243.
242.	241.	240.	239.	238.	237.	236.	235.	234.	233.	232.
231.	230.	229.	228.	227.	226.	225.	224.	223.	222.	221.
220.	219.	218.	217.	216.	215.	214.	213.	212.	211.	210.
209.	208.	207.	206.	205.	204.	203,	202.	201.	200.	199.
198.	197.	196.	195.	194.	193.	192.	191.	190.	189.	188.
187.	186.	185.	184.	183.	182.	181.	180.	179.	178.	177.
176.	175.	174.	173.	172.	171.	170.	169.	168.	167.	166.
165.	164.	163.	162.	161.	160.	159.	158.	157.	156.	155,
154.	153.	152.	151.	150.	149.	148.	147.	146.	145.	144.
143.	142.	141.	140.	139.	138.	137.	136.	135.	134.	133.
132.	131.	130.	129.	128.	127.	126.	125.	124.	123.	122.
121.	120.	119.	118.	117.	116.	115.	114.	113.	112.	111.
110.	109.	108.	107.	106.	105.	104.	103.	102.	101.	100.
99.	98.	97.	96.	95.	94.	93.	92.	91.	90.	89.
88.	87.	86.	85.	84.	83.	82.	81.	80.	79.	78.
77.	76.	75.	74.	73.	72.	71.	70.	69.	68.	67.
66.	65.	64.	63.	62.	61.	60.	59.	58.	57.	56.
55.	54.	53.	52.	51.	50.	49.	48.	47.	46.	45.
44.	43.	42.	41.	40.	39.	38.	37.	36.	35.	34.
33.	32.	31.	30.	29.	28.	27.	26.	25.	24.	23.
22.	21.	20.	19.	18.	17.	16.	15.	14.	13.	12.
11.	10.	9.	8.	7.	6.	5.	4.	3.	2.	1.

SOUSTRACTION MENTALE.

TABLEAU N.° XII.

Retranchez, en ôtant 12 au 1er. nombre de chaque colonne.

300.	299.	298.	297.	296.	295.	294.	293.	292.	291.	290.	289.
288.	287.	286.	285.	284.	283.	282.	281.	280.	279.	278.	277.
276.	275.	274.	273.	272.	271.	270.	269.	268.	267.	266.	265.
264.	263.	262.	261.	260.	259.	258.	257.	256.	255.	254.	253.
252.	251.	250.	249.	248.	247.	246.	245.	244.	243.	242.	241.
240.	239.	238.	237.	236.	235.	234.	233.	232.	231.	230.	229.
228.	227.	226.	225.	224.	223.	222.	221.	220.	219.	218.	217.
216.	215.	214.	213.	212.	211.	210.	209.	208.	207.	206.	205.
204.	203.	202.	201.	200.	199.	198.	197.	196.	195.	194.	193.
192.	191.	190.	189.	188.	187.	186.	185.	184.	183.	182.	181.
180.	179.	178.	177.	176.	175.	174.	173.	172.	171.	170.	169.
168.	167.	166.	165.	164.	163.	162.	161.	160.	159.	158.	157.
156.	155.	154.	153.	152.	151.	150.	149.	148.	147.	146.	145.
144.	143.	142.	141.	140.	139.	138.	137.	136.	135.	134.	133.
132.	131.	130.	129.	128.	127.	126.	125.	124.	123.	122.	121.
120.	119.	118.	117.	116.	115.	114.	113.	112.	111.	110.	109.
108.	107.	106.	105.	104.	103.	102.	101.	100.	99.	98.	97.
96.	95.	94.	93.	92.	91.	90.	89.	88.	87.	86.	85.
84.	83.	82.	81.	80.	79.	78.	77.	76.	75.	74.	73.
72.	71.	70.	69.	68.	67.	66.	65.	64.	63.	62.	61.
60.	59.	58.	57.	56.	55.	54.	53.	52.	51.	50.	49.
48.	47.	46.	45.	44.	43.	42.	41.	40.	39.	38.	37.
36.	35.	34.	33.	32.	31.	30.	29.	28.	27.	26.	25.
24.	23.	22.	21.	20.	19.	18.	17.	16.	15.	14.	13.
12.	11.	10.	9.	8.	7.	6.	5.	4.	3.	2.	1.

MULTIPLICATION MENT.E

TABLEAU N.º I.

Multipliez par 1 tous les nombres de la 1re. colonne à gauche.

En disant				
1	fois	1	est	1.
2	fois	1	font	2.
3		1		3.
4		1		4.
5		1		5.
6		1		6.
7		1		7.
8		1		8.
9		1		9.
10		1		10.
11		1		11.
12		1		12.
13		1		13.
14		1		14.
15		1		15.
16		1		16.
17		1		17.
18		1		18.
19		1		19.
20		1		20.
21		1		21.
22		1		22.
23		1		23.
24		1		24.
25		1		25.

MULTIPLICATION MENT.^e

TABLEAU N.° II.

Multipliez par 2 tous les nombres de la 1re. colonne à gauche.

En disant	1	fois	2	est	2.
	2		2		4.
	3		2		6.
	4		2		8.
	5		2		10.
	6		2		12.
	7		2		14.
	8		2		16.
	9		2		18.
	10		2		20.
	11		2		22.
	12		2		24.
	13		2		26.
	14		2		28.
	15		2		30.
	16		2		32.
	17		2		34.
	18		2		36.
	19		2		38.
	20		2		40.
	21		2		42.
	22		2		44.
	23		2		46.
	24		2		48.
	25		2		50.

MULTIPLICATION MENT.^E

TABLEAU N.° III.

Multipliez par 3 tous les nombres de la 1re. colonne à gauche

En disant	1	fois	3	est	3.
	2	fois	3	font	6.
	3		3		9.
	4		3		12.
	5		3		15.
	6		3		18.
	7		3		21.
	8		3		24.
	9		3		27.
	10		3		30.
	11		3		33.
	12		3		36.
	13		3		39.
	14		3		42.
	15		3		45.
	16		3		48.
	17		3		51.
	18		3		54.
	19		3		57.
	20		3		60.
	21		3		63.
	22		3		66.
	23		3		69.
	24		3		72.
	25		3		75.

MULTIPLICATION MENT.^E

TABLEAU N.° IV.

Multipliez par 4 tous les nombres de la 1re. colonne à gauche.

En disant	1	fois	4	est	4.
	2	fois	4	font	8.
	3		4		12.
	4		4		16.
	5		4		20.
	6		4		24.
	7		4		28.
	8		4		32.
	9		4		36.
	10		4		40.
	11		4		44.
	12		4		48.
	13		4		52.
	14		4		56.
	15		4		60.
	16		4		64.
	17		4		68.
	18		4		72.
	19		4		76.
	20		4		80.
	21		4		84.
	22		4		88.
	23		4		92.
	24		4		96.
	25		4		100.

MULTIPLICATION MENT.E

TABLEAU N.° V.

Multipliez par 5 tous les nombres de la 1re. colonne à gauche.

En disant	1	fois	5	est	5.
	2	fois	5	font	10.
	3		5		15.
	4		5		20.
	5		5		25.
	6		5		30.
	7		5		35.
	8		5		40.
	9		5		45.
	10		5		50.
	11		5		55.
	12		5		60.
	13		5		65.
	14		5		70.
	15		5		75.
	16		5		80.
	17		5		85.
	18		5		90.
	19		5		95.
	20		5		100.
	21		5		105.
	22		5		110.
	23		5		115.
	24		5		120.
	25		5		125.

MULTIPLICATION MENT.E

TABLEAU N.o VI.

Multipliez par 6 tous les nombres de la 1re. colonne à gauche.

En disant	1	fois	6	est	6.
	2	fois	6	font	12.
	3		6		18.
	4		6		24.
	5		6		30.
	6		6		36.
	7		6		42.
	8		6		48.
	9		6		54.
	10		6		60.
	11		6		66.
	12		6		72.
	13		6		78.
	14		6		84.
	15		6		90.
	16		6		96.
	17		6		102.
	18		6		108.
	19		6		114.
	20		6		120.
	21		6		126.
	22		6		132.
	23		6		138.
	24		6		144.
	25		6		150.

MULTIPLICATION MENT.E

TABLEAU N.o VII.

Multipliez par 7 tous les nombres de la 1re. colonne à gauche.

En disant	1	fois	7	est	7.
	2	fois	7	font	14.
	3		7		21.
	4		7		28.
	5		7		35.
	6		7		42.
	7		7		49.
	8		7		56.
	9		7		63.
	10		7		70.
	11		7		77.
	12		7		84.
	13		7		91.
	14		7		98.
	15		7		105.
	16		7		112.
	17		7		119.
	18		7		126.
	19		7		133.
	20		7		140.
	21		7		147.
	22		7		154.
	23		7		161.
	24		7		168.
	25		7		175.

MULTIPLICATION MENT.^E

TABLEAU N.° VIII.

Multipliez par 8 tous les nombres de la 1re. colonne à gauche.

1	fois	8	est	8.
2	fois	8	font	16.
3		8		24.
4		8		32.
5		8		40.
6		8		48.
7		8		56.
8		8		64.
9		8		72.
10		8		80.
11		8		88.
12		8		96.
13		8		104.
14		8		112.
15		8		120.
16		o		128.
17		8		136.
18		8		144.
19		8		152.
20		8		160.
21		8		168.
22		8		176.
23		8		184.
24		8		192.
25		8		200.

MULTIPLICATION MENT.E

TABLEAU N.o IX.

Multipliez par 9 tous les nombres de la 1re. colonne à gauche.

En disant	1	fois	9	est	9.
	2	fois	9	font	18.
	3		9		27.
	4		9		36.
	5		9		45.
	6		9		54.
	7		6		63.
	8		9		72.
	9		9		81.
	10		9		90.
	11		9		99.
	12		9		108.
	13		9		117.
	14		9		126.
	15		9		135.
	16		9		144.
	17		9		153.
	18		9		162.
	19		9		171.
	20		9		180.
	21		9		189.
	22		9		198.
	23		9		207.
	24		9		216.
	25		9		225.

MULTIPLICATION MENT.^E

TABLEAU N.° X.

Multipliez par 10 tous les nombres de la 1re. colonne à gauche.

En disant	1	fois	10	est	10.
	2	fois	10	font	20.
	3		10		30.
	4		10		40.
	5		10		50.
	6		10		60.
	7		10		70.
	8		10		80.
	9		10		90.
	10		10		100.
	11		10		110.
	12		10		120.
	13		10		130.
	14		10		140.
	15		10		150.
	16		10		160.
	17		10		170.
	18		10		180.
	19		10		190.
	20		10		200.
	21		10		210.
	22		10		220.
	23		10		230.
	24		10		240.
	25		10		250.

MULTIPLICATION MENT.E

TABLEAU N.o XI.

Multipliez par 11 tous les nombres de la 1re. colonne. à gauche.

En disant	1	fois	11	est	11.
	2	fois	11	font	22.
	3		11		33.
	4		11		44.
	5		11		55.
	6		11		66.
	7		11		77.
	8		11		88.
	9		11		99.
	10		11		110.
	11		11		121.
	12		11		132.
	13		11		143.
	14		11		154.
	15		11		165.
	16		11		176.
	17		11		187.
	18		11		198.
	19		11		209.
	20		11		220.
	21		11		231.
	22		11		242.
	23		11		253.
	24		11		264.
	25		11		275.

MULTIPLICATION MENT.

TABLEAU N.° XII.

Multipliez par 12 tous les nombres de la 1re. colonne à gauche.

En disant	1	fois	12	est	12.
	2	fois	12	font	24.
	3		12		36.
	4		12		48.
	5		12		60.
	6		12		72.
	7		12		84.
	8		12		96.
	9		12		108.
	10		12		120.
	11		12		132.
	12		12		144.
	13		12		156.
	14		12		168.
	15		12		180.
	16		12		192.
	17		12		204.
	18		12		216.
	19		12		228.
	20		12		240.
	21		12		252.
	22		12		264.
	23		12		276.
	24		12		288.
	25		12		300.

DIVISION MENTALE.

TABLEAU N.° I.

Divisez par 1 tous les nombres de la 1re. colonne. à gauche.

En disant en				
1 c. de fois	1	il y est	1	fois.
2	1		2.	
3	1		3.	
4	1		4.	
5	1		5.	
6	1		6.	
7	1		7.	
8	1		8.	
9	1		9.	
10	1		10.	
11	1		11.	
12	1		12.	
13	1		13.	
14	1		14.	
15	1		15.	
16	1		16.	
17	1		17.	
18	1		18.	
19	1		19.	
20	1		20.	
21	1		21.	
22	1		22.	
23	1		23.	
24	1		24.	
25	1		25.	

DIVISION MENTALE.

TABLEAU N.° II.

Divisez par 2 tous les nombres de la 1re. colonne à gauche.

En disant en	c. de fois	il y est	fois.
2	2	1	fois.
4	2	2.	
6	2	3.	
8	2	4.	
10	2	5.	
12	2	6.	
14	2	7.	
16	2	8.	
18	2	9.	
20	2	10.	
22	2	11.	
24	2	12.	
26	2	13.	
28	2	14.	
30	2	15.	
32	2	16.	
34	2	17.	
36	2	18.	
38	2	19.	
40	2	20.	
42	2	21.	
44	2	22.	
46	2	23.	
48	2	24.	
50	2	25.	

DIVISION MENTALE,

TABLEAU N.° III,

Divisez par 3 tous les nombres de la 1re. colonne à gauche.

En disant en		c. de fois		il y est		
	3		3		1	fois.
	6		3		2.	
	9		3		3.	
	12		3		4.	
	15		3		5.	
	18		3		6.	
	21		3		7.	
	24		3		8.	
	27		3		9.	
	30		3		10.	
	33		3		11.	
	36		3		12.	
	39		3		13.	
	42		3		14.	
	45		3		15.	
	48		3		16.	
	51		3		17.	
	54		3		18.	
	57		3		19.	
	60		3		20.	
	63		3		21.	
	66		3		22.	
	69		3		23.	
	72		3		24.	
	75		3		25.	

DIVISION MENTALE.

TABLEAU N.° IV.

Divisez par 4 tous les nombres de la 1re. colonne à gauche.

En disant en		c. de fois		il y est		
	4		4		1	fois.
	8		4		2.	
	12		4		3.	
	16		4		4.	
	20		4		5.	
	24		4		6.	
	28		4		7.	
	32		4		8.	
	36		4		9.	
	40		4		10.	
	44		4		11.	
	48		4		12.	
	52		4		13.	
	56		4		14.	
	60		4		15.	
	64		4		16.	
	68		4		17.	
	72		4		18.	
	76		4		19.	
	80		4		20.	
	84		4		21.	
	88		4		22.	
	92		4		23.	
	96		4		24.	
	100		4		25.	

DIVISION MENTALE.

TABLEAU N.° V.

Divisez par 5 tous les nombres de la 1re. colonne à gauche.

En disant en	c. de fois	il y est	fois.
5	5	1	
10	5	2.	
15	5	3.	
20	5	4.	
25	5	5.	
30	5	6.	
35	5	7.	
40	5	8.	
45	5	9.	
50	5	10.	
55	5	11.	
60	5	12.	
65	5	13.	
70	5	14.	
75	5	15.	
80	5	16.	
85	5	17.	
90	5	18.	
95	5	19.	
100	5	20.	
105	5	21.	
110	5	22.	
115	5	23.	
120	5	24.	
125	5	25.	

DIVISION MENTALE.

TABLEAU N.° VI.

Divisez par 6 tous les nombres de la 1re. colonne à gauche.

En disant en	c. de fois	il y est	
6	6	1	fois.
12	6	2.	
18	6	3.	
24	6	4.	
30	6	5.	
36	6	6.	
42	6	7.	
48	6	8.	
54	6	9.	
60	6	10.	
66	6	11.	
72	6	12.	
78	6	13.	
84	6	14.	
90	6	15.	
96	6	16.	
102	6	17.	
108	6	18.	
114	6	19.	
120	6	20.	
126	6	21.	
132	6	22.	
138	6	23.	
144	6	24.	
150	6	25.	

DIVISION MENTALE.

TABLEAU N.° VII.

Divisez par 7 tous les nombres de la 1re. colonne à gauche.

En disant en		c. de fois	il y est		
	7	7	1	fois.
	14	7	2.	
	21	7	3.	
	28	7	4.	
	35	7	5.	
	42	7	6.	
	49	7	7.	
	56	7	8.	
	63	7	9.	
	70	7	10.	
	77	7	11.	
	84	7	12.	
	91	7	13.	
	98	7	14.	
	105	7	15.	
	112	7	16.	
	119	7	17.	
	126	7	18.	
	133	7	19.	
	140	7	20.	
	147	7	21.	
	154	7	22.	
	161	7	23.	
	168	7	24.	
	175	7	25.	

DIVISION MENTALE.

TABLEAU N.° VIII.

Divisez par 8 tous les nombres de la 1re. colonne à gauche.

En disant en		c. de fois		il y est		
En disant en	8	c. de fois	8	il y est	1.	fois
	16		8		2.	
	24		8		3.	
	32		8		4.	
	40		8		5.	
	48		8		6.	
	56		8		7.	
	64		8		8.	
	72		8		9.	
	80		8		10.	
	88		8		11.	
	96		8		12.	
	104		8		13.	
	112		8		14.	
	120		8		15.	
	128		8		16.	
	136		8		17.	
	144		8		18.	
	152		8		19.	
	160		8		20.	
	168		8		21.	
	176		8		22.	
	184		8		23.	
	192		8		24.	
	200		8		25.	

DIVISION MENTALE.

TABLEAU N.° IX.

Divisez par 9 tous les nombres de la 1re. colonne à gauche.

En disant en	c. de fois	il y est	fois.
9	9	1	
18	9	2.	
27	9	3.	
36	9	4.	
45	9	5.	
54	9	6.	
63	6	7.	
72	9	8.	
81	9	9.	
90	9	10.	
99	9	11.	
108	9	12.	
117	9	13.	
126	9	14.	
135	9	15.	
144	9	16.	
153	9	17.	
162	9	18.	
171	9	19.	
180	9	20.	
189	9	21.	
198	9	22.	
207	9	23.	
216	9	24.	
225	9	25.	

DIVISION MENTALE.

TABLEAU N.° X.

Divisez par 10 tous les nombres de la 1re. colonne à gauche.

En disant en		c. de fois		il y est		
En disant en	10	c. de fois	10	il y est	1	fois.
	20		10		2.	
	30		10		3.	
	40		10		4.	
	50		10		5.	
	60		10		6.	
	70		10		7.	
	80		10		8.	
	90		10		9.	
	100		10		10.	
	110		10		11.	
	120		10		12.	
	130		10		13.	
	140		10		14.	
	150		10		15.	
	160		10		16.	
	170		10		17.	
	180		10		18.	
	190		10		19.	
	200		10		20.	
	210		10		21.	
	220		10		22.	
	230		10		23.	
	240		10		24.	
	250		10		25.	

DIVISION MENTALE.

TABLEAU N.° XI.

Divisez par 11 tous les nombres de la 1re. colonne. à gauche.

En disant en	c. de fois	il y est	fois.
11	11	1	fois.
22	11	2.	
33	11	3.	
44	11	4.	
55	11	5.	
66	11	6.	
77	11	7.	
88	11	8.	
99	11	9.	
110	11	10.	
121	11	11.	
132	11	12.	
143	11	13.	
154	11	14.	
165	11	15.	
176	11	16.	
187	11	17.	
198	11	18.	
209	11	19.	
220	11	20.	
231	11	21.	
242	11	22.	
253	11	23.	
264	11	24.	
275	11	25.	

DIVISION MENTALE.

TABLEAU N.° XII.

Divisez par 12 tous les nombres de la 1re. colonne à gauche.

En disant en	c. de fois	il y est	fois.
12	12	1	fois.
24	12	2.	
36	12	3.	
48	12	4.	
60	12	5.	
72	12	6.	
84	12	7.	
96	12	8.	
108	12	9.	
120	12	10.	
132	12	11.	
144	12	12.	
156	12	13.	
168	12	14.	
180	12	15.	
192	12	16.	
204	12	17.	
216	12	18.	
228	12	19.	
240	12	20.	
252	12	21.	
264	12	22.	
276	12	23.	
288	12	24.	
300	12	25.	

EXPLICATION DES TABLEAUX.

Exercice sur les tableaux de l'Addition mentale.

Notre but, dans les tableaux qui précèdent, a été de rendre faciles les quatre premières opérations de l'Arithmétique. Ayant démontré dans notre ouvrage intitulé *le nouveau Maître de Calcul*, sur quels principes reposait la nouvelle propriété que nous avons admis pour base de ces tableaux, nous nous bornerons dans celui-ci à faire connaître la manière de pouvoir se servir avec avantage de ces derniers.

En commençant par les tableaux de l'addition mentale, comme les tableaux n.° 1 et n.° 2 ne présentent qu'un faible intérêt, nous prendrons pour modèle de ces exercices le tableau n.° 3.

L'élève ayant ce tableau sous ses yeux, le maître l'exercera à combiner le nombre 3 avec tous les chiffres qui composent la première colonne à la gauche de ce tableau, en lui faisant dire : 1 et 3 font 4, et 3 font 7, et 3 font 10, et 3 font 13. etc. et ainsi de suite.

Passant à la deuxième colonne, il lui fera dire également : 2 et 3 font 5, et 3 font 8, et 3 font 11, et 3 font 14, etc.; il répétera le même exercice sur la troisième colonne, en poussant l'addition jusqu'au dernier terme dont elle est composée.

Cet exercice continué pendant quelques séances, le maître s'assurera de la manière suivante si l'élève sait bien ajouter le nombre 3 à tout autre nombre pris dans le même tableau; il interrogera l'élève, en lui demandant, par exemple : combien font 28 et 3? combien font 89 et 3 ? etc., etc.; il est incontestable que l'élève s'étant familiarisé par cet exercice à ajouter le chiffre 3 à tous les nombres écrits sur ce tableau, il sera capable, en peu de jours, d'ajouter ce même nombre 3 à tous les nombres qui pourraient se présenter dans une addition.

La démonstration que nous venons de faire sur le tableau n°. 3, s'applique exactement aux autres tableaux du même genre.

Exercice sur les tableaux de la Soustraction mentale.

Dans le tableau de l'addition mentale, que nous venons de démontrer, ayant formé l'élève à ajouter le nombre 3 à tout autre nombre donné, dans celui de la soustraction mentale, nous allons, au contraire, l'exercer à retrancher ce même nombre 3, ou tout autre nombre, d'un autre nombre donné.

Il paraît, d'après cet exposé, que, par leur position, les tableaux de la soustraction mentale sont l'inverse de ceux de l'addition.

En prenant indifféremment pour modèle de ces exercices le tableau n°. 6 de la soustraction mentale, le maître exercera son élève à retrancher constamment le nombre 6 de chaque somme écrite sur la première colonne verticale à gauche de ce tableau, en lui faisant dire : 150 moins 6 font 144; 144 moins 6 font 138; 138 moins 6 font 132, etc., etc.

Venant ensuite à la 2e., 3.e, 4e., 5e. et 6e colonnes, l'instituteur fera répéter à son élève sur chacune d'elles la même soustraction du nombre 6 sur tous les nombres qui les composent.

Comme, dans le tableau précédent, l'instituteur pourra s'assurer des progrès de son élève, en lui proposant de retrancher simultanément le nombre 6 d'un nombre quelconque pris sur le même tableau.

Tout ce que nous venons de dire sur le tableau n.° 6, est applicable à tous les tableaux de la soustraction mentale.

Exercice sur les tableaux de la Multiplic. mentale.

En examinant un tableau quelconque de la multiplication mentale, par exemple, le tableau n.° 7, on y découvre que sa base repose sur deux progressions arithmétiques croissantes, dont la première, à gauche de ce tableau, représente la suite naturelle des nombres ÷ 1. 2. 3. 4. 5., etc., dont la raison constante est 1; et la seconde, à droite, la progression arithmétique ÷ 7. 14. 21. 28. 35., etc. dont la raison constante est 7. Il est certain qu'en faisant précéder le nombre 7 qu'on veut multiplier, de la suite naturelle des nombres 1, 2, 3, 4, 5, 6, 7, etc., on obtiendra sur-le-champ le produit du même terme 7 répété ou multiplié une, deux, trois, quatre......., vingt, etc. fois.

D'après cette courte explication sur le nombre 7, qu'on peut appliquer à tout autre nombre pris dans un autre tableau du même genre, lorsque l'instituteur voudra exercer ses élèves à multiplier le chiffre 7 par tous les chiffres écrits sur la première colonne à gauche de ce tableau, il le fera ainsi : une fois 7 est 7; deux fois 7 font 14; trois fois 7 font 21; quatre fois 7 font 28; et ainsi de suite en continuant la multiplication du nombre 7 jusqu'au dernier chiffre de cette colonne.

Il est constant que le produit de cette multiplication par 7, se composera d'autant de fois le nombre 7, que le chiffre par lequel on aura multiplié contiendra d'unités.

Le nombre 7, ou tout autre nombre, pouvant servir indifféremment à multiplier ou à diviser un nombre quelconque, l'instituteur pourra utiliser ce double usage, en exerçant ses élèves à diviser par 7, ou à prendre le septième des nombres écrits sur la troisième colonne à droite de ce tableau, en leur faisant dire à haute voix : le septième de 21 est 3; le septième de 35 est 5, etc.; et en alternant ses interrogations, questionnant tantôt l'un, tantôt l'autre de ses élèves, il s'assurera de leurs progrès. Il est évident que, par cet exercice, ces mêmes élèves s'initieront aux principes de la division, et s'accoutumeront peu-à-peu à ces opérations qui leur paraissent si difficiles de prendre le tiers, le quart, le septième, etc. d'un nombre. Les tableaux de la multiplication mentale reposent tous sur le même principe.

Exercice sur les tableaux de la Division mentale.

Les tableaux de la multiplication mentale nous ont servi de base pour former ceux de la division mentale; mais, comme dans la division, on a pour but de désunir les nombres qu'on avait réunis par la multiplication, pour obtenir cet effet, nous avons renversé dans les deux progressions arithmétiques l'ordre que nous avions suivi pour la confection des tableaux de multiplication; et, en effet, si nous prenons pour modèle de cet exercice le tableau n.° 8 de la division mentale, nous y découvrons par la seule inspection qu'il est l'inverse de celui de la multiplication mentale, en ce que les deux progressions arithmétiques qui font la base commune des deux opérations précitées, y occupent une place opposée : par exemple, dans le tableau de multiplication, en multipliant 4 par 8, nous avons 32 au produit, tandis que dans le tableau de division, en divisant 32 par 8, nous avons 4 au quotient, ce qui prouve évidemment que la division n'est que l'inverse de la multiplication.

Ce raisonnement étant conçu, lorsque l'instituteur voudra exercer ses élèves à diviser par 8 tous les nombres écrits sur la première colonne à gauche de ce tableau, il leur fera dire à haute voix : en 8 combien de fois 8, une fois; en 16 combien de fois 8, deux fois, etc., et ainsi de suite, en continuant la division par 8 de tous les nombres écrits sur cette première colonne. Il résultera de cet exercice que l'élève divisera par 8 tous les nombres écrits sur la première colonne à gauche de ce tableau, et en obtiendra aussitôt le quotient qui se trouvera placé sur la troisième colonne à droite, en suivant la même ligne horizontale : ainsi le quotient de chaque division par 8 contiendra autant de fois l'unité ou 1, que le nombre à diviser contiendra de fois le nombre 8.

Le raisonnement que nous venons d'établir sur le tableau n°. 8, est commun à tous les tableaux de la division mentale.

DIALOGUE
RÉGRÉATIF.

PÉZENAS, IMPRIMERIE DE P.-J. DAUMAS.

AVANT-PROPOS.

Quelques-uns de mes amis, à la société desquels je me trouvais un jour, s'obstinaient à vouloir me persuader que les Arithméticiens, qui pour l'ordinaire, ne s'occupent que de la solution des problêmes difficiles, devaient être des hommes d'une humeur phlegmatique; et qu'ainsi, en ne se livrant qu'à des occupations abstraites, la plupart d'entr'eux, d'un caractère bizarre et mélancolique, ne se prêtaient que difficilement aux agrémens d'une conversation douce, intéressante et récréative.

Étant du métier, toutes ces définitions ridicules ne pouvaient guère me convenir; et, pour prouver à ces Messieurs la fausseté de leurs argumens, je me proposai de composer, pour toute réplique, le dialogue suivant. Après l'avoir communiqué à des gens de lettres, encouragé par leurs suffrages, je n'hésitai plus à en faire un soir la lecture à ces mêmes amis, et plusieurs avouèrent que leur jugement avait été un peu trop précipité, d'avoir voulu concentrer le talent des calculateurs dans un seul genre de travail.

C'est ce même dialogue que j'expose aujourd'hui aux yeux d'un Public éclairé; et quoiqu'il soit très-difficile d'écrire pour des enfans qu'on doit instruire, en même-temps qu'on les amuse, on verra qu'après avoir tracé à cette jeunesse folâtre l'esquisse de quelques défauts à éviter et de quelques bons exemples à suivre, joignant l'agréable à l'utile, j'ai cherché à l'égayer par une narration amusante, et à lui suggérer enfin une juste idée de l'importance de la science du Calcul pour l'étude de laquelle les élèves ont une si grande aversion, et qui pourtant est si utile à toutes les classes de la Sooiété.

Telle est la nature de cet écrit, et quoique je me sois attaché à y répandre tous les agrémens qui peuvent flatter le goût des jeunes élèves, sans nuire à leur instruction, je ne crains pas d'avouer que je puis m'être écarté du but : je prie donc le lecteur de vouloir bien m'accorder toute son indulgence.

DIALOGUE RÉCRÉATIF.

MARIE.

Hé bien Ernestine, où en es-tu de tes opérations? Auras-tu bientôt achevé ?

ERNESTINE.

Et mon Dieu, non! Laisse-moi tranquille! A peine ai-je fini ma première addition. En vérité, je compte si mal, que je désespère de pouvoir m'en tirer; et toi, Marie, ton travail est sans doute bien avancé?

MARIE.

Oui, ma Chère; il y a déjà demi-heure que j'ai tout terminé.

ERNESTINE.

Ah! que tu es heureuse, Marie, d'être aussi facile! Pour moi, il y a une grosse heure que je me tourmente, et je n'en suis pas plus avancée.

MARIE.

Cependant Madame nous a bien applani toutes les difficultés.

ERNESTINE.

Cela est vrai; mais je suis tellement distraite, que je n'y ai pas même fait attention : d'ailleurs ces additions sont si longues, que je me perds en comptant; et puis ces retenues, ces décimes, ces centimes, je confonds aisément tous ces noms-là!

MARIE.

Mais, Ernestine, avec un peu de réflexion, tu pourrais bien faire la différence des francs, des décimes et des centimes!

ERNESTINE.

Et oui, sans doute! Je sais bien que dix centimes font un décime; que dix decimes font un franc; mais ce n'est point là ce qui m'embrouille.

MARIE.

Mais où est donc la difficulté?

ERNESTINE.

La voici : c'est lorsqu'il s'agit d'ajouter un nombre à un autre nombre que je compte alors tout de travers; aussi mes opérations ne sont jamais exactes, et c'est toujours à recommencer.

MARIE.

Je conviens que c'est assez pénible; mais cette difficulté n'est qu'un défaut que l'habitude de compter fera disparaître avec le temps; il faut prendre patience, Ernestine!

ERNESTINE.

Il faut prendre patience! C'est très-bien dit; mais en attendant, Madame me gronde toujours, et par-dessus le marché, elle me prive la plupart du temps de mes récréations; aussi je suis presque découragée.

MARIE.

Mais, Ernestine, il ne faut pas pour cela perdre courage. Sans doute que Madame voudrait te voir plus appliquée; d'ailleurs tout ce qu'elle fait à ton égard, ne peut tourner qu'à ton avantage.

ERNESTINE.

J'en suis bien persuadée; mais, dis-moi Marie, à quoi me servira le Calcul? Assurément je n'aurai jamais l'envie, moi, de faire aucun trafic!

MARIE.

Ni moi non plus, ma Chère, et cependant je fais grand cas de l'Arithmétique; crois-tu qu'on ne soit pas bien aise de savoir vérifier soi-même tous ces petits mémoires de faiseuses, de modistes, et tant d'autres comptes d'artistes différens? Sois persuadée, Ernestine, que l'Arithmétique est utile à toutes les conditions.

ERNESTINE.

A la bonne heure! Mais je n'ai pas la moindre inclination pour cette science; selon moi, le dessin et la musique sont bien préférables à ce galimatias auquel je ne comprends rien.

MARIE.

Je conviens avec toi que le dessin et la musique sont des arts d'agrément qu'une demoiselle doit nécessairement apprendre; mais, parce qu'on apprend la musique et le dessin, faut-il pour cela négliger d'autres sciences beaucoup plus utiles?

ERNESTINE.

Je ne dis pas cela; mais j'enrage toujours beaucoup quand je prends ma leçon de calcul. La petite Léontine me disait aussi l'autre jour, qu'elle était si ennuyée de son maître d'Arithmétique, qu'elle allait prier sa maman de le renvoyer.

MARIE.

Mademoiselle Léontine est une sotte! Et, parce que cet enfant gâté ne connaît pas assez le prix de cette science, tu voudrais imiter cette jeune étourdie?

ERNESTINE.

Moi, non. A dire vrai, je serai pourtant bien aise de me voir débarassée d'une besogne qui, dans le fond, m'est très-pénible, et qui ne m'attire que des reproches de la part de Madame.

MARIE.

Mais, de bonne foi, Ernestine, as-tu fait tous tes efforts pour les éviter? Crois-tu, ma Chère (puisque tu m'obliges à le dire), que ce soit en griffonant les pages de tes cahiers, ou bien en faisant toute sorte de niches à tes petites amies, que tu parviendras à contenter Madame? Tu sais qu'elle n'entend pas raillerie, et qu'elle aime surtout qu'on s'acquitte de ses devoirs.

ERNESTINE.

Faut-il donc aussi que je sois toujours collée sur mon ouvrage? Ah! s'il me fallait rester tout le jour comme un automate, cela serait bien gênant, par exemple!

MARIE.

Mais, Ernestine, Madame n'exige point cela de nous; d'ailleurs, avec un peu de reflexion, tu pourrais bien te persuader qu'on ne vient point en classe pour s'y amuser tout à son aise, mais bien pour y travailler.

ERNESTINE.

C'est bien ce que j'entreprends dix fois par jour; mais ce Calcul....... ce Calcul me désole....... Je sens que c'est au-dessus de mes forces !

MARIE.

Comment, Ernestine; faut-il se décourager ainsi ? Assurément, avec les moyens que je te connais, tu peux faire tout aussi bien qu'une autre; il ne s'agit pour cela que d'avoir un peu plus de bonne volonté, et moins de dégoût pour tes devoirs.

ERNESTINE.

J'avoue que je suis un peu trop dissipée; mais mon parti est pris : je veux dès-aujourd'hui travailler à me corriger.

MARIE.

Ah! tant mieux, ma chère Ernestine! Que ta résolution me cause du plaisir! Viens que je t'embrasse! Tu éviteras au moins à la meilleure de tes amies le triste désagrément de te voir montrer au doigt, comme la plus paresseuse de toute la classe! mais, au moins, sois bien constante dans cette résolution!

ERNESTINE.

Rassure-toi, Marie, je veux me mettre tout de bon à l'ouvrage. A-propos, j'oubliais de te dire que, le mois prochain, Maman veut me confier le cahier de la dépense : il sera, je crois, joliment tenu!

MARIE.

Oh! que tu es enfant, Ernestine! Tu tournes toujours tout en plaisanterie; si tu voulais être tant-soit-peu raisonnable, je t'assure que je te mettrais bientôt au fait de ce petit travail.

ERNESTINE.

Très-volontiers, ma Chère, tu me rendras un grand service; j'ai souvent entendu dire à ta Maman que tu t'acquittais à merveille de ce petit emploi : Ah! que je serais bien aise que Maman pût en dire autant sur mon compte! mais dis-moi, Marie, est-ce un travail bien difficile que ce compte de dépense?

MARIE.

Non certes : c'est une bagatelle; je te promets de te mettre au courant tout au plus dans une semaine.

ERNESTINE.

Ah! que tu es obligeante, ma chère Marie! Il me tarde déjà de remplir ce nouvel emploi; mais toi qui es si féconde en expédiens, ne pourrais-tu pas imaginer quelque moyen facile pour m'aider à additionner mes nombres? Tu sais que je compte si gauchement.

MARIE.

A-propos; hier Papa nous raccontait, à dîner, qu'il venait de paraître tout récemment à Paris une Invention nouvelle pour apprendre à compter en fort peu de temps.

ERNESTINE.

Une Invention pour apprendre à compter; mais tu plaisantes, Marie? Vraiment ce serait une trouvaille pour moi!

MARIE.

Non, non, je ne plaisante point; oui, une Invention pour apprendre à compter, qui s'applique même aux quatre premières opérations du Calcul; et notre amie Joséphine qui revient de Lyon, et que j'embraissai hier au soir, m'a assuré que dans la pension d'où elle sort, on se servait avec avantage de cette Méthode ; aussi je veux me la procurer.

ERNESTINE.

Je l'achèterai bien aussi ; moi qui croyais ne pouvoir jamais apprendre à compter, il me sera donc permis de conserver quelque espoir ; mais revenons à Joséphine : comment la trouves-tu ?

MARIE.

Je n'ai resté que quelques instans avec elle ; mais je t'assure que j'ai été ravie de sa conversation. Ses manières sont très-polies ; elle est douce, affable, pénétrante et d'une humeur très-gaie.

ERNESTINE.

Ah ! tant mieux qu'elle soit toujours bon enfant ! C'était la meilleure de mes amies lorsqu'elle était dans cette pension. J'espère que nous aurons bientôt renoué nos anciennes amitiés ; Ah ! qu'il me tarde de l'embrasser !

MARIE.

Si tu le trouves à-propos, nous irons demain lui rendre visite ; tu n'as qu'à en demander la permission à Madame.

ERNESTINE.

De tout mon cœur, Marie. Bon ! Nous irons embrasser Joséphine, et elle nous indiquera où l'on peut acheter cette méthode.

MARIE.

Ma foi, tu as raison ; mais, Ernestine, en parlant de cet ouvrage, je ne puis m'empêcher de rire ah ! ah ! ah !

ERNESTINE.

Comment, Marie ; ce livre contiendrait-il de vilaines choses ? Je ne le voudrais à aucun prix !

MARIE.

Point de tout, ma Chère; mais c'est qu'à-propos de ce livre, hier, au dîner, je m'en donnai comme quatre ah! ah! ah!

ERNESTINE.

Mais enfin, Marie, explique-toi donc!

MARIE.

En vérité, tu es bien pressante; laisse-moi donc reprendre un peu mes esprits. Bon! me voilà tranquille. Tu sauras que c'était hier la fête de mon Papa, et que nous avions du monde à dîner. Au dessert, on parla beaucoup de ce livre; et, tout en discourant, Papa et les Messieurs qui étaient à table, ne pouvaient s'empêcher de rire aux éclats, au sujet de quelque comédie qu'ils ont nommée *M. de Pourceaugnac*, et qui, au dire de ces Messieurs, fut composée à Pézenasse, patrie de l'auteur de cette Invention. Papa qui est très-gai, leur proposa de jouer ensemble la scène la plus comique de cette pièce.

ERNESTINE.

Ah! ah! que cela dût être amusant! Raconte-moi donc cette farce!

MARIE.

Comme nous sommes en Carnaval, cette proposition plut à toute la compagnie; et, aussitôt fait que dit, Papa mit sa serviette autour du cou, et en noua les deux bouts sur sa poitrine en forme de rabat; puis, il se fit apporter sa longue robe noire et son chapeau à trois cornes. Bientôt tous les autres Messieurs l'imitèrent: on habilla ensuite notre domestique Thomas d'une manière grotesque, et on lui fit jouer le rôle de M. de Pourceaugnac.

ERNESTINE.

Ah! ah! ah! tous ces Messieurs devaient être

bien risibles sous cet accoutrement, n'est-ce pas, Marie?

MARIE.

Oh! vraiment : il fallait les voir, la tête ensevelie sous une vaste perruque, revêtus d'une longue robe noire traînante, un petit chapeau à trois cornes sous le bras, un maintien grave et sérieux : il y avait de quoi se pâmer de rire!

ERNESTINE.

Ah! ah! ah! j'aurais bien voulu être dans quelque recoin! Je me serais bien amusée! Mais, continue, Marie.

MARIE.

Oui, continue, c'est bien dit : sais-tu que je riais tellement, que je n'ai pu retenir qu'une partie des couplets que ces Messieurs ont chanté, en italien!

ERNESTINE.

En italien! ah, tant mieux! je m'y entends un peu; mais redits-moi toujours ceux que tu sauras; je t'en prie, Marie.

MARIE.

Eh bien, soit : comme ce M. de Pourceaugnac feignait d'être indisposé, il s'agissait, dans cette scène, de lui administrer un petit clystère; mais, pour dissiper auparavant l'humeur mélancolique dont il paraissait affecté, ces Messieurs, après l'avoir salué d'un air grave, lui chantèrent alternativement les couplets suivans : un d'entr'eux s'avançant le premier, lui chanta : *Buon di, buon di, non vi lasciate uccidere dal dolor malinconico : noi vi faremo ridere col nostro canto armonico. Buon di.*

Un autre de ces Messieurs lui chanta ceux-ci : *il malato non è disperato, se vol pigliar un poco d'allegria, altro non è la pazzia che malinconia.*

Enfin un autre Monsieur lui chanta ceux-ci : *su cantate, ballate, ridete ; E, se far meglio volete, quanto sentite il deliro vicino, pigliate del vino, allegramente monsu Pourceaugnac.*

ERNESTINE.

A merveille, Marie : ces vers sont bien expressifs ! C'est bien dommage que tu ne les ayes pas tous retenus !

MARIE.

Ah ! oui, le moyen de bien retenir, quand on rit à gorge déployée ! Mais voici le plus drôle de cette scène : Papa qui s'était muni d'une seringue, s'avança le dernier vers M. de Pourceaugnac ; et, en lui montrant le petit clystère, il lui chantait d'un air insinuant : *Piglia lo sù signor monsu : pliglia lo, piglia lo, piglia lo sù, che non ti fara male. Piglia lo sù questo servizziale ; piglia lo sù, signor monsu.* Ensuite, pour engager M. de Pourceaugnac à prendre ce petit remède, il ajoutait d'un ton patelin : c'est un petit clystère benin, benin, il est benin ; là, prenez, prenez, Monsieur, prenez ; c'est pour déterger, déterger ! M. de Pourceaugnac qui n'en avait guère envie, tacha de s'esquiver, tenant de ses deux mains son haut de chausses, pour éviter le fatal lavement ; et, dans cette attitude risible, il se mit à courir autour de la table, ayant Papa et tous ces Messieurs à ses trousses ; malheureusement il donna du pied contre une chaise, et patatrac, voilà mon lourdeau par terre, entraînant dans sa chûte la table, les flacons, les gobelets, et plusieurs de ces Messieurs qui s'entassèrent sur lui.

ERNESTINE.

Ah ! ah ! ah ! Je n'en puis plus ! Ah ! ah ! ah ! ouf ! J'étouffe de rire ! ah ! ah ! ah !

MARIE.

Mais, Ernestine, tu ris comme une folle! attends donc la fin de cette scène : tu aurais bien ri davantage, si tu avais vu comme moi une demi douzaine de ces Messieurs à tête chauve, s'empressant de ramasser leurs perruques dispersées çà-et-là ; et le pauvre Thomas se relevant enfin tout moulu, en faisant bien des grimaces, et ayant le bout du nez tout meurtri de sa chûte!

ERNESTINE.

Ah! ah! ah! que c'est drôle! Ah! ah! ah! c'est trop rire! Ah! ah! ah! en vérité! Ah! ah! ah!

MARIE.

Mais ce qu'il y avait encore de plus risible dans cette scène, c'était de voir les contorsions et les gestes comiques de plusieurs Dames, qui, pamées de rire, ne pouvaient plus se contenir dans leurs fauteuils : l'une se carrait en marchant; l'autre avait mal au cœur; celle-ci se plaignait de l'estomac; celle-là avait envie de vomir; une autre avait des vapeurs; enfin, c'était une scène des plus grotesques et des plus amusantes!

ERNESTINE.

Ah! ah! ah! mon Dieu! Ah! ah! ah! je le crois! hi! hi! hi! jamais de la vie! hi! hi! hi! je n'ai tant ri! hi! hi! hi!

MARIE.

Allons, Ernestine, courage, tu en prends bien ta bonne dose au moins; pour moi, je t'assure qu'hier je m'en donnai tellement, qu'à force de rire, je gagnai une bonne indigestion. Heureusement que j'en fus quitte en prenant deux grandes tasses de thé!

ERNESTINE.

Ah! tant mieux, ma Chère, que cette indisposition n'ait pas eu de suites plus fâcheuses ! Oh ! comme nous avons ri ! voilà ce qui s'appèle passer une heure de récréation bien agréablement. Mais, à-présent que nous nous sommes bien amusées, parlons un peu de nos petites affaires : dis-moi, Marie, à quelle heure crois-tu que nous puissions aller voir Madame?

MARIE.

Je pense que nous pourrons y aller ce soir après la récréation ; mais voici bientôt l'heure de rentrer en classe : adieu, ma chère Ernestine, viens que je t'embrasse !

ERNESTINE.

De tout mon cœur, ma Chère : ah ! que ta conversation m'a causé du plaisir ! Je n'oublierai de long-temps, je t'assure, la petite scène amusante que tu viens de me donner !

MARIE.

Ni tes bonnes résolutions non plus, Ernestine; car c'est là le plus essentiel de l'affaire !

ERNESTINE.

Oh non ! mon cœur, je te le promets. Adieu.

Après ces témoignages réciproques de la plus étroite amitié, les deux petites amies se séparèrent. Le lendemain, avec la permission de Madame, elles furent rendre visite à mademoiselle Joséphine, qui les reçut avec bonté ; elle se fit même un plaisir de les accompagner chez un libraire du Palais-Royal, pour leur procurer la nouvelle Méthode de calcul qu'elles paraissaient tant désirer.

FIN.

LE

NOUVEAU MAITRE

DE CALCUL.

TABLEAUX

RELATIFS AUX QUATRE OPÉRATIONS DE L'ARITHMÉTIQUE,

avec leurs explications;

PAR JOSEPH GARACH,

Instituteur du 2e. degré, à Pézenas (*Hérault*).

PÉZENAS,

CHEZ ROBERT, LIBRAIRE ÉDITEUR.

1831.

IMPRIMERIE DE F.-J. DAUMAS.

www.ingramcontent.com/pod-product-compliance
Lightning Source LLC
LaVergne TN
LVHW020039170826
845678LV00001B/339
9782329689890